Dr. J. Setschschenow

**Physiologische Studien über die Hemmungsmechanismen**

für die Reflextätigkeit des Rückenmarks im Gehirne des Frosches

Dr. J. Setschschenow

**Physiologische Studien über die Hemmungsmechanismen**
*für die Reflextätigkeit des Rückenmarks im Gehirne des Frosches*

ISBN/EAN: 9783743359192

Hergestellt in Europa, USA, Kanada, Australien, Japan

Cover: Foto ©berggeist007 / pixelio.de

Manufactured and distributed by brebook publishing software
(www.brebook.com)

Dr. J. Setschschenow

**Physiologische Studien über die Hemmungsmechanismen**

# Physiologische Studien

über die

## Hemmungsmechanismen

für die

## Reflexthätigkeit des Rückenmarks

im

## Gehirne des Frosches.

Von

### Dr. J. Setschenow,

Professor der Physiologie in St. Petersburg.

Berlin, 1863.

Verlag von August Hirschwald.

Unter den Linden No. 68.

# Herrn

# Professor C. Ludwig,

seinem hochgeehrten Lehrer und Freunde

widmet aus Dankbarkeit

**der Verfasser.**

Bei der vorliegenden Untersuchung ging ich von der Hypothese des hemmenden Einflusses des Gehirns auf die reflectorische Thätigkeit des Rückenmarks aus. Diese Hypothese ist bekanntlich eine von den zwei möglichen Erklärungsweisen für die Zunahme von Reflexbewegungen in Folge der Köpfung eines Thieres.*) Zur weiteren Unterstützung dieser Hypothese kann noch die von Ed. Weber zuerst mit gewissem Recht (wegen seiner berühmten Entdeckung des hemmenden Einflusses des Vagus auf das Herz) ausgesprochene Idee angeführt werden, wonach der Wille, dessen Sitz gewöhnlich im Gehirn angenommen wird, einen hemmenden Einfluss auf die Reflexbewegungen des Rückenmarks auszuüben im Stande ist.

---

*) Die andere Hypothese kann so ausgedrückt werden: die Fortpflanzung der sensitiven Reizung, mit welcher jede Reflexerscheinung beginnt, muss als ein materieller Bewegungsvorgang betrachtet werden, und insofern muss dessen Effect, d. h. die reflectorische Bewegung, jedesmal an Intensität gewinnen, wenn die ursächliche sensitive Bewegung an Extension abnimmt. Bei der Köpfung eines Thieres ist aber das Letztere immer der Fall.

Jedenfalls ist es aber klar, dass diese Hypothese das Vorhandensein der hemmenden Mechanismen im Gehirne voraussetzt. Diese zu finden, sie zur Anschauung zu bringen, war meine nächste Aufgabe. Ich musste also das Gehirn des Thieres zergliedern, jeden einzelnen Theil desselben in Bezug auf seine Wirkung auf die Rückenmarksreflexe prüfen, mit einem Worte, ich war genöthigt, grobe Eingriffe in einen so zarten Mechanismus, wie es das Gehirn ist, anzuwenden. Die Resultate solcher Versuche mussten mir natürlich von vorne her bedenklich erscheinen; ein strenges Ueberlegen führte mich jedoch bald zur Ueberzeugung, dass diese scheinbar groben Versuche auf denselben, wenn nicht grösseren, Grad von Vertrauen Ansprüche machen können, welchen die Physiologen den Erscheinungen am Rückenmark in Folge seiner Verletzungen zu schenken pflegen.

In der That

1) habe ich es nur mit solchen Vorgängen im Rückenmark zu thun, welche ganz unabhängig vom Gehirn geschehen können, und vom letzteren aus nur in gewissem Grade beeinflusst werden; und eben deswegen

2) bin ich der Meinung, dass, wenn es sich um Reflexerscheinungen im Rückenmark handelt, die Eingriffe ins Gehirn weniger bedenklich sind, als die in das Rückenmark selbst.

Das will ich an ein Paar Beispielen erläutern.

Wenn man dem Frosche die Hemisphären ab-
schneidet, so sieht man keine merkliche Veränderung
in dem äusseren Benehmen des Thieres, d. h. in allen
seinen Bewegungen. Es treten dagegen tiefe Störun-
gen der Motilität ein, wenn das Rückenmark des
Frosches durchschnitten wird; das Thier liegt einige
Zeit bewegungslos da. Fast dasselbe lässt sich sagen,
wenn man die Einwirkung des letzteren Schnittes mit
irgend welchem anderen Schnitte in das Gehirn zusammenstellt. Es folgt augenscheinlich hieraus, dass
die Hirnverletzungen in Bezug auf Rückenmarksreflexe
in der That weniger bedenklich sind, als operative Eingriffe in das Rückenmark selbst. Wenn also alle Physiologen ohne Ausnahme die in Folge der Köpfung
des Thieres eintretenden Erscheinungen mit reinem
Gewissen als Verstärkung der Reflexbewegung aner-
kennen, so müssen sie dasselbe Vertrauen auch den
von mir beobachteten Erscheinungen schenken.

Nachdem auf diese Weise die gegen die Methode
im Allgemeinen möglichen Einwände beseitigt worden
sind, gehe ich zur Darstellung ihrer Einzelnheiten
über.

Die Existenz der Hemmungsmechanismen im
Froschhirne wird auf dreifache Weise bewiesen:

1) durch Einschnitte in die Hirnmasse an verschiedenen Stellen,

2) durch chemische oder electrische Reizung verschiedener Hirntheile, und

3) durch Erregung des Gehirns auf physiologischem Wege.

In allen diesen Fällen bediente ich mich behufs der Reizung, um die zu beobachtenden Reflexbewegungen hervorzurufen, des von Türck für Frösche angegebenen Verfahrens (Ueber den Zustand der Sensibilität nach theilweiser Trennung des Rückenmarks, 1850). Es besteht bekanntlich im Eintauchen einer der hinteren Pfoten eines Frosches, welcher vertical aufgehängt ist, in eine schwache wässerige Lösung von Schwefelsäure, und in der Bestimmung der Zeitdauer, während welcher die Pfote in der Flüssigkeit ruhig liegen bleibt. Zum letzteren Zwecke bediente ich mich des Metronoms, welcher 100 Schläge per 1' schlug. Diese Zeitdauer giebt einen Zahlenausdruck für das in einem gegebenen Falle vorhandene Reflexvermögen des Rückenmarks.

Es wäre vollkommen nutzlos, hier den Werth der Türck'schen Methode zu discutiren, da es von ihm selbst geschah, indem er eine vollkommene Uebereinstimmung der auf diese Reizungsweise erhaltenen Resultate mit denjenigen fand, welche mittelst der mechanischen Compression der Pfoten erhalten worden waren. Ich kann zu dem Gesagten nur hinzufügen, dass in meinen Versuchen diese Uebereinstimmung ebenfalls existirt, vorausgesetzt, dass das Zusammendrücken der Pfote zwischen den Fingern des Beobachters nicht plötzlich stark, sondern allmälig verstärkend geschehe. Es muss

weiter in Bezug auf die Stärke der sauren Lösung
bemerkt werden, dass das Gelingen der Versuche davon in hohem Grade abhängig ist. Und das begreift
sich leicht, wenn man bedenkt, dass es sich bei diesen
Versuchen um eine mehr oder minder starke, und nie
um eine totale Depression des Reflexvermögens handelt. Türck macht schon bei seinen Versuchen über
Hyperästhäsie dieselbe Bemerkung. Es kann als Re-
gel angenommen werden, dass die Concentration der
sauren Lösung zweckentsprechend ist, wenn diese einen
klar ausgesprochenen sauren Geschmack zeigt, wenn
weiter in einem Vorversuch der Frosch mit transversal
halbirten Hemisphären seine Pfote eine Zeit von 7 bis
20 Metronomslängen ruhig in der Flüssigkeit liegen lässt. Dieser Versuch muss nie vernachlässigt
werden.

In Bezug auf die Methode muss endlich noch
gesagt werden, dass ich in allen meinen Versuchen am
Frosche das Gehirn und das Rückenmark blossgelegt
habe. Ich will die Möglichkeit nicht bestreiten, die
Nervenmassen in einem vorausbestimmten Punkte durch
die Knochendecken durchschneiden zu können, doch
weiss ich aus Erfahrung, dass man unter dieser Bedingung nie sicher sein kann, dass die Durchschneidung vollkommen gelungen sei.

Indem ich jetzt zur ersten Reihe meiner Versuche
am Frosche übergehe, erlaube ich mir zunächst einige
Worte über das äussere Aussehen des Froschhirnes,

des danach folgenden verlängerten Markes bietet für
den Querschnitt nur einen einzigen constanten Punkt
dar — das hintere Ende der Rautengrube. Die Durch-
schnitte des Gehirns fielen also in meinen Versuchen
in die Mitte der Hemisphären, in die gemeinsame
Gränze seiner drei Haupttheile, und dicht hinter den
vierten Ventrikel.

§. 1.

### Erfolge der Hirndurchschneidungen.

Es müssen bei Hirndurchschneidungen zwei Momente ins Auge gefasst werden: die Entziehung der
bleibenden Nervenmassen dem Einflusse derjenigen,
welche durch den Schnitt entfernt worden sind, und
die mechanische Reizung des Gehirns, besonders in
der Nähe des Schnittes. Der erste Erfolg ist augenscheinlich dauernd, der zweite dagegen vorübergehend.
Das erste Moment konnte ich nicht ausbeuten, insofern
in allen meinen Versuchen die Nervencentra blossgelegt waren, und sich folglich in einer für langandauernde
Beobachtungen ungünstigen Lage befanden. Die weiter
unten mitzutheilenden Beobachtungen beziehen sich
also nur auf die unmittelbaren Folgen der Schnitte.

Um sich eine Vorstellung über die Wirkung
eines beliebigen Schnittes ins Gehirn auf das Reflexvermögen des Rückenmarks bilden zu können, muss
natürlich diese Wirkung mit einem unter anderen Bedingungen bestimmten Reflexvermögen, das als Norm

betrachtet werden könnte, verglichen werden. Es wäre unstreitig am natürlichsten, zu dieser Norm das bei unverletztem Gehirn bestehende Reflexvermögen des Thieres anzunehmen. Leider ist diese Grösse zu schwankend; so dass ich genöthigt war, das Reflexvermögen des Thieres nach Durchschneidung der Halbkugeln als relative Norm anzunehmen. Mit dieser Grösse werden die Erfolge aller übrigen Schnitte verglichen.

Der Versuch gestaltet sich folglich so: nachdem dem Frosche die Nervencentra blossgelegt sind, und das Thier vertical aufgehängt ist, werden die Halbkugeln quer halbirt, und gleich darauf das Reflexvermögen des Thieres einige Male hintereinander in beiden Beinen bestimmt. Hierauf wird der zu untersuchende Schnitt geführt, und wieder die Bestimmung des Reflexvermögens mittelst Säurereizung vorgenommen. Ich kam auf diese Weise zu folgenden Resultaten:

1. Der Schnitt in die Sehbügel (zwischen den Halbkugeln und den Vierhügeln) bewirkt eine sehr starke Depression des Reflexvermögens, welche gewöhnlich erst im Verlaufe von 5' — 10' verschwindet. Ich führe als Beispiel einen Versuch an, wo diese Depression die gewöhnlich zu beobachtende Stärke besitzt; dann einen anderen, wo diese Depression in Folge der zu concentrirt angewandten Säurelösung nicht beobachtet werden konnte.

| Linkes Bein. | | Rechtes Bein. | |
|---|---|---|---|

Schnitt in die Halbkugeln.

Nach 10 Metronomschlägen eine Nach 10 Metronomschlägen eine
Reflexbewegung. Reflexbewegung.

Schnitt in die thalami optici.

„ 80 Metr.-Schl. keine. „ 80 Metr.-Schl. keine.

5 Minuten später.

„ 60 „ „ Bewegungen. „ 58 „ „ Bewegungen.

5 Minuten später.

„ 23 „ „ Bewegungen. „ 10 „ „ Bewegungen.

Schnitt in die Halbkugeln.

Nach 5 Metr.-Schl.Bewegungen. Nach 5 Metr.-Schl.Bewegungen.

„ 5 „ „ Bewegungen. „ 5 „ „ Bewegungen.

Schnitt in die thalami optici.

„ 5-6 „ „ Bewegungen. „ 5-6 „ „ Bewegungen.

„ 5-6 „ „ Bewegungen. „ 5-6 „ „ Bewegungen.

Ich habe mich im letzteren Falle durch einen Vorversuch überzeugt, dass der gebrauchten Säurelösung eine relativ beträchtliche Wassermenge zugesetzt werden konnte, ohne dass die Zahl 5, welche die Stärke des Reflexvermögens ausdrückt, dadurch im Mindesten geändert worden wäre. Ich wiederhole es also noch einmal: Säurelösungen, welche die Reflexbewegungen zu rasch auslösen, dürfen zu den in Rede stehenden Versuchen nicht angewandt werden.

2. In Folge des Schnittes zwischen den Vierhügeln und der medulla oblongata nimmt das Reflexvermögen, bezogen auf das als relative Norm angenommene, immer zu. Diese Steigerung der Reflexthätigkeit entwickelt sich gewöhnlich im Verlaufe von 1' — 2'.

Schnitt in die Halbkugeln.

| | |
|---|---|
| 13 | 9 |

Schnitt zwischen Vierhügel und med. obl.

| | |
|---|---|
| 15 | 7 |
| 5 | 3 |
| 2 | 2 |

3. Der Erfolg des Schnittes hinter der Rautengrube ist in allen Beziehungen dem der vorigen Num-
mer gleich, nur stellt sich hier die Steigerung
des Reflexvermögens, wenn möglich, noch
rascher als im vorigen Falle ein.

Schnitt in die Halbkugeln.

| | |
|---|---|
| 32 | 19 |
| 17 | 15 |
| 16 | 15 |

Schnitt hinter die Rautengrube.

| | |
|---|---|
| 6 | 6 |
| 4 | 3 |
| 3 | 2 |

4. Alle die aufgezeichneten Erscheinungen können an einem und demselben Frosche beobachtet werden, wenn man nur der nach dem Schnitte in die
thalami optici herabgesetzten Reflexthätigkeit des Thieres die zur Erholung nöthige Zeit giebt; sonst ver-
längert sich dieser Zustand der Reflexdepression bis nach dem Schnitte zwischen den
Vierhügeln und dem verlängerten Mark. Es
muss aber bemerkt werden, dass diese Vorsichts-
maassregel nicht nothwendig ist, wenn dem Schnitte
in die thalami optici der in das verlängerte Mark
hinter der Rautengrube unmittelbar nachfolgt.

Man sieht hieraus den wesentlichen Unterschied zwischen dem Effecte der letztgenannten Durchschneidung und dem Erfolge des Schnittes an der Gränze zwischen corpus quadrigeminum und medulla oblong. Zwei nächstfolgende Versuche mögen zur Erläuterung des Gesagten dienen:

Halbirung der Hemisphären.

| 8 | 7-8 |
|---|---|
| 9 | 6 |
| 11 | 7 |

Schnitt in die Hemisphären niedriger.

| 8 | 7 |
|---|---|
| 15 | 8 |

Schnitt in die thalami optici.

| 100 keine Beweg. | 100 keine Beweg. |
|---|---|

7 Minuten später.

| 70 keine Beweg. | 70 keine Beweg. |
|---|---|

Schnitt hinter die thalami optici.

| 70 keine Beweg. | 70 keine Beweg. |
|---|---|

3 Minuten später.

| 7-8 | 7-8 |
|---|---|

Schnitt unter die Rautengrube.

| 6 | 4-5 |
|---|---|
| 5-6 | 3-4 |

Nervencentra unverletzt.

| 38 | 37 |
|---|---|

Schnitt in die thalami optici.

| 100 keine Beweg. | 100 keine Beweg. |
|---|---|

5 Minuten später.

| 100 keine Beweg. | 72 Reflexbeweg. |
|---|---|

Schnitt unter die Rautengrube.

| 24 | 27 |
|---|---|

1 Minute später.

| 11 | 11 |
|---|---|

Indem diese beiden Versuche die Verhältnisse zwischen dem Schnitte an der oberen Gränze des verlängerten Markes und dem unterhalb der Rautengrube geführten ins Licht setzen, begründen sie zugleich zwei neue und wichtige Thatsachen.

5. **Die Depression des Reflexvermögens im Rückenmark in Folge der Durchschneidung der thalami optici existirt auch für den Fall, wo der Erfolg dieser Durchschneidung auf das wirklich normale Reflexvermögen (d. h. bei unverletzten Nervencentris) des Frosches bezogen wird.** Ich muss jedoch gestehen, dass dieses Resultat nicht constant ist; auf zwanzig derartige Versuche sind mir vier misslungen. Da die Zahl der negativen Resultate verhältnissmässig zu gross war, so glaubte ich diesen Umstand zuerst durch die Annahme erklären zu können, dass vielleicht die Halbirung der Hemisphären eine Steigerung des normalen Reflexvermögens mit sich führt. Directe Versuche haben aber diese Voraussetzung nicht bestätigt. Ich bekam in Folge dieses Schnittes unbedeutende Schwankungen des normalen Reflexvermögens, eben so oft nach oben als nach unten. Es bleibt mir also Nichts übrig, als den in Rede stehenden Satz nur als bedingungsweise gültig anzunehmen. Eine von den unbekannten Bedingungen dieser Erscheinung glaube ich jedoch erfasst zu haben. Sie besteht wohl in dem Experimentiren bei so niedrigen

Temperaturen (6° — 8° über 0°), wo dieEmpfindlich-
keit der Froschhaut für die Säure abgeschwächt ist.
Unter solchen Bedingungen ist das Gelingen der Versuche kaum zu erwarten.

6. Die zweite Thatsache, welche aus den oben
angeführten Versuchen hervorgeht, ist die Gleich-
gültigkeit (in Bezug auf das Reflexvermögen
des Rückenmarks) der Höhe, in welcher die
Schnitte durch die untere Hälfte der Hemisphären geführt werden. Directe Versuche ergaben
dasselbe auch in Bezug auf die Durchschneidungen
der Halbkugeln in deren oberer Hälfte, so dass man
im Allgemeinen sagen kann: die Hemisphären
scheinen keinen einzigen Punkt darzubieten,
von wo aus die Durchschneidung dieser Hirntheile eine Depression des Reflexvermögens
nach sich ziehen würde.*)

7. Um die Reihe der Hirndurchschneidungen
zu vervollständigen, bleibt mir nur noch der Einwirkung des Schnittes in die Substanz der Vierhügel selbst
zu erwähnen übrig. Dieselbe ist dem Erfolge
des Schnittes in die thalami optici vollkom-

---

*) Bei dieser Gelegenheit muss ich zweier von mir beob-
achteter Fälle erwähnen, wo die Depression des Reflexvermögens
nach Durchschneidung der thalami optici deswegen ausblieb,
weil die Ebene des Schnittes zu weit nach vorne geneigt war.
Ich brauchte in diesen zwei Fällen nur ein kleines Stück von
den thal. opt. durch einen neuen Schnitt abzutragen, damit die
Depression in der gewöhnlichen Stärke hervorträte.

2

men ähnlich, man mag sie auf das normale oder das relativ normale Reflexvermögen des Thieres beziehen.

10 Minuten nach Durchschneidung der thalami optici.

| 23 | 10 |
|---|---|
| Schnitt in die Substanz der Vierhügel. | |
| 70 nichts. | 70 nichts. |
| 5 Minuten später. | |
| 70 nichts. | 70 nichts. |
| 5 Minuten später. | |
| 54 Beweg. | 60 Beweg. |

Hirn unverletzt.

| 22 | 17 |
|---|---|
| 8 | 11 |
| Schnitt in die Substanz der Vierhügel. | |
| 60 nichts. | 60 nichts. |
| 5 Minuten später. | |
| 16 Beweg. | 15 Beweg. |

Wenn man nun alle die Ergebnisse der Hirndurchschneidungen zusammenstellt, so ist leicht zu ersehen, dass die Depression des Reflexvermögens des Rückenmarks nur in Folge der Schnitte unmittelbar vor — oder in die Substanz der Vierhügel selbst zum Vorschein kommt; dass weiter der Schnitt unmittelbar hinter den Vierhügeln denselben Erfolg, aber nur bedingungsweise, nach sich zieht.

Dieser Schluss ist natürlich nichts weiter, als ein allgemeiner Ausdruck für rohe Thatsachen. Den inneren Sinn bekommt er erst dann, wenn alle die Um-

stände, welche jeden einzelnen Schnitt in die Hirnsubstanz begleiten, in Bezug auf ihren möglichen Einfluss auf das Reflexvermögen des Rückenmarks er-
forscht sein werden. Ich gehe nun zur Untersuchung
dieser Reihe von Fragen über.

Halbirung der Halbkugeln. Die Motilität
des Thieres bleibt unverändert. Blutung unbedeutend.
In den Schnitt fällt nur ein einziger Zweig des tri-
geminus, welcher zum Gesichte geht (nach Ecker's
Icon. physiol.).

Schnitt durch die thalami optici. Die
Motilität ist gestört. Die Prostration des Thieres ist
jedoch vorübergehend, — verschwindet gewöhnlich
innerhalb der zwei ersten Minuten. Man beobachtet
ausserdem häufig eine gewisse Steifheit in den Muskeln des Thieres nach dieser Durchschneidung. Aber
auch diese Erscheinung geht schnell vorüber. Die
Blutung ist stark. Folgende Nerven werden immer
durchschnitten: ram. ophthalmicus trigemini,
trochlearis, oculomotorius und opticus. Letzterer Nerv immer hinter dem chiasma.

Schnitt zwischen den Vierhügeln und dem
verlängerten Mark. Die Prostration des Thieres
ist viel bedeutender als im vorigen Falle und ohne
Muskelsteifheit. Im Uebrigen ist dieser Fall dem vorigen vollkommen ähnlich.

Durchschneidung des Rückenmarks unterhalb der Rautengrube. Prostration sehr stark.

Blutung unbedeutend. Die Hirnnerven bleiben unverletzt.

Wenn man nun diese Reihe von Thatsachen durchsieht, so ist leicht zu bemerken, dass:

a) die Depression des Reflexvermögens des Rückenmarks in keinem Zusammenhang mit der Prostration des Thieres stehen kann, insofern diese letztere gerade in solchen Fällen am stärksten ausgeprägt ist, wo die Reflexthätigkeit nicht absondern zunimmt.

b) Es ist weiter einleuchtend, dass die in Folge der Durchschneidung der thalami opt. eintretende Depression des Reflexvermögens auch durch die dabei stattfindende Muskelsteifheit nicht erklärt werden kann, insofern diese letztere Erscheinung eine viel kürzere Zeit als die Depression dauert.

c) Es wäre aber möglich, dass die uns interessirende Erscheinung ihren Grund in dem Blutverlust hätte. Die Depression der Reflexthätigkeit (absolute oder relative) tritt in der That nur in solchen Fällen ein, wo die Blutung in Folge der Schnitte am stärksten ist.

Glücklicherweise ist es leicht, diese Frage durch direkte Versuche zu beantworten. Solche Versuche wurden auch angestellt und ergaben, dass die Depression des Reflexvermögens auch von diesem Nebenumstande der Hirndurchschneidung unabhängig ist.

Es mögen als Beweise dafür zwei folgende Ver-

suche angeführt werden. Sie unterscheiden sich dadurch von einander, dass in ihnen dem Thiere sein
Blut zu verschiedenen Momenten entzogen wurde.

Hirn unverletzt.

| | |
|---|---|
| 10 | 10 |
| 6 | 7 |

Herz blossgelegt und durchschnitten.

| | |
|---|---|
| 13 | 15 |
| 15 | 15 |

Durchschneidung der thalami optici.

| | |
|---|---|
| 70 nichts. | 70 nichts. |

3 Minuten später.

| | |
|---|---|
| 22 | 20 |

Schnitt in die Halbkugeln.

| | |
|---|---|
| 31 | 26 |
| 27 | 21 |

Herz blossgelegt und durchschnitten.

| | |
|---|---|
| 22 | 13 |
| 16 | 11 |

Durchschneidung der thalami optici.

| | |
|---|---|
| 100 nichts. | 100 nichts. |

Uebrigens wird die Unabhängigkeit der Reflexdepression von allen die Hirndurchschneidungen beglei-
tenden Nebenumständen durch den Inhalt der zwei
nächsten Paragraphen noch klarer bewiesen werden.

Es bleibt also nichts mehr übrig, als die Depression der Reflexthätigkeit entweder von der Durchschneidung der Nerven oder von der Verletzung der
Hirnsubstanz selbst abzuleiten. Vorausgesetzt, dass
die erste Vermuthung richtig wäre, könnte man weiter
glauben, dass die ganze Erscheinung der Reflexde-

pression ihren Grund nur in dem Umstande finde, dass die Verletzung der sensitiven Nervenfasern dem Thiere einen so heftigen Schmerz verursache, dass es die daneben stattfindende schwächere Reizung mit Säure nicht mehr empfinde. Dann würde sich natürlich die ganze Erscheinung der Reflexdepression ganz einfach erklären lassen, ohne dass man die Existenz der Hemmungsmechanismen im Gehirne anzunehmen brauchte. Es ist aber sehr leicht zu beweisen, dass diese Erklärungsweise unhaltbar ist; denn man müsste in diesem Falle voraussetzen, dass die Durchschneidung eines Nerven dem Thiere einen Schmerz verursache, welcher häufig über 10' dauern könne (die Zeitdauer der Reflexdepression); — eine Voraussetzung, welche entschieden falsch ist. Ich besitze ausserdem Versuche (sie sind im §. 4. angegeben), in welchen die dem Thiere verursachten Schmerzen ohne Zweifel viel länger dauerten, als es für die Schmerzen in Folge der Nervendurchschneidung der Fall sein kann, und wo dennoch die Depression der Reflexthätigkeit weder so constant, noch mit solcher Intensität wie nach der Hirndurchschneidung zum Vorschein kam.

Die Schmerzen in Folge der Nervendurchschneidung sind es also nicht, welche die uns beschäftigende Erscheinung erklären können. Dasselbe lässt sich aber auch über die Schmerzen in Folge der Verletzung der Hirnsubstanz selbst sagen, obgleich wir über die Dauer der letzteren bis jetzt gar nichts wussten. Man braucht in der That nur ein Paar Durchschneidungen der thalami optici anzusehen, um dessen gewiss zu werden. 2—3 Minuten nach der Operation, also zur Zeit, wo die Depression der Reflexthätigkeit noch sehr stark ist, sieht man gewöhnlich in dem äusseren Benehmen des Thieres schon keine Spur von schmerzhaften Leiden. Der Frosch ist auch nicht abgespannt; folglich lässt sich die Unempfindlichkeit des Thieres gegen die Säure auch nicht von der Abspannung, als Folge der Schmerzen, ableiten. Die im nächsten Paragraph zu besprechenden Versuche sind noch mehr dazu geeignet, die Unabhängigkeit der Reflexdepression von der Schmerzhaftigkeit der Hirnverletzung zu begründen. Es gelingt nämlich oft, die thalami optici so schwach zu reizen, dass das Thier vollkommen ruhig bleibt, die Depression der Reflexthätigkeit aber dennoch zu Stande kommt.

Nachdem es auf diese Weise bewiesen ist, dass der Schmerz in Folge der Hirndurchschneidung die Sache nicht erklären kann, blieb mir nichts übrig, als die Existenz solcher Mechanismen im Froschhirn anzunehmen, deren Erregung (vielleicht unmittelbar durch mechanische Verletzung des Gehirns, oder auch mittelbar durch Erregung specieller Fasern in den Nerven, welche zugleich mit dem Gehirn durchschnitten werden) die Reflexthätigkeit des Rückenmarks herabzusetzen im Stande ist. Diese Hypothese enthält, wie man sieht, zwei der Form nach etwas verschiedene,

im Grunde aber vollkommen gleiche Ansichten über
die Ursache der Reflexdepression. Beide sind folglich
gleich annehmbar. Jedoch ist die Ansicht über die
unmittelbare Reizung der Hemmungsmechanismen der
anderen Hypothese insofern vorzuziehen, als dadurch
die Lokalisation dieser Mechanismen im Froschhirne
erleichtert wird. In der That nimmt vermittelst dieser
Hypothese die Schlussidee, welche alle die Thatsachen
der Hirndurchschneidungen resumirt, folgende Gestalt
an: Die Hemmungsmechanismen für die Reflexthätigkeit des Rückenmarkes haben beim
Frosche ihren Sitz in den Seh- und Vierhügeln, vielleicht auch im verlängerten Mark.

Von dieser Hypothese ausgehend, lag es nahe,
künstliche Erregungsmittel für die Hemmungsmechanismen anzuwenden, und ich war auf diese Weise zur
chemischen Reizung verschiedener Hirntheile geführt.

### §. 2.
#### Chemische Reizung des Gehirns.

Als chemischer Reiz wurde bei der vorliegenden
Untersuchung ausschliesslich Kochsalz angewandt, da
ich vermittelst dieser Substanz solche Resultate erhielt,
welche nichts mehr zu wünschen übrig liessen. Zur
schwächeren Reizung bediente ich mich der concentrirten wässerigen Lösung des Salzes, zur stärkeren
wurde Kochsalz in Form von befeuchteten Krystallen
angewandt.

Das operative Verfahren ist sehr einfach. Nachdem das Gehirn in einem gegebenen Punkte durchschnitten worden ist, entfernt man aus der Schädelhöhle alle die Hirntheile, welche nach vorne vom Schnitte liegen, und wartet ab, bis die Blutung still steht. Die Blutcoagula werden dann sorgfältig aus der Schädelhöhle entfernt, und der vorhandene Grad der Reflexthätigkeit auf gewöhnliche Weise bestimmt. Jetzt wird die reizende Substanz an den blossgelegten Querschnitt des Gehirns applicirt (mittelst eines kleinen Pinselchens, wenn sie in flüssiger Form angewandt wird), und die Reflexthätigkeit gleich darauf wieder bestimmt.

Ich gehe nun zu dem Befunde über:

1) Die Application des Salzes an den Hemisphärenquerschnitt bot nichts Constantes dar.

2) Die Application des Salzes an den Querschnitt der thalami optici bringt immer eine ebenso starke Depression der Reflexthätigkeit hervor, wie die Durchschneidung des Gehirns an demselben Orte. Diese Wirkung entwickelt sich gewöhnlich im Verlaufe der ersten Minute nach der Application des Salzes, und oft ohne dass dabei beim Thiere irgend welche Bewegung (directe oder reflectorische) bemerkt wird. Es giebt jedenfalls Fälle, wo diese Wirkung länger auf sich warten lässt; dann ist die Application des Salzes in Form von Krystallen angezeigt. Die Depression der Reflexthätigkeit in Folge der Kochsalzwirkung verschwindet allmälig,

wenn die reizende Substanz entfernt wird (mittelst ein Paar Wassertropfen und Fliesspapier), und kann von Neuem hervorgebracht werden, wenn die nachfolgende Reizung stärker als die frühere gemacht wird. Ich besitze einen Versuch (er ist gleich unten citirt), wo es mir gelang, an einem und demselben Thiere die Depression der Reflexthätigkeit drei Mal hintereinander hervorzurufen. Es ist ferner wichtig zu bemerken, dass, wenn die erste Reizung stark war, die nachfolgende aber schwächer, die letztere nicht mehr im Stande ist, eine Wirkung auf das Reflexvermögen des Rückenmarks auszuüben. Zur Erläuterung des Gesagten mag folgender Versuch als Beispiel dienen:

Schnitt in die thalami optici.

6 Minuten nach dem Schnitte.

| 10 | 11 |
|----|----|
| 7  | 7  |

Applic. des Salz. in flüss. Form. Das Thier bleibt ruhig.

| 50 nichts. | 50 nichts. |
|------------|------------|
| 80 nichts. | 80 nichts. |

Salz entfernt.

5 Minuten später.

| 10 | 11 |
|----|----|

Neue Applic. des Salzes in flüssiger Form.

| 19 | 15 |
|----|----|
| 13 | 13 |

Salz entfernt.

| 11 | 8 |
|----|---|

Application des Salzes in Krystallen.

| 40 nichts. | 40 nichts. |
|------------|------------|

Convulsionen.

3) Die Application des Salzes an den Querschnitt des Gehirns hinter den Vierhügeln, d. h. an die obere Gränze des verlängerten Marks bringt ebenfalls eine Depression der Reflexthätigkeit hervor, obgleich eine viel schwächere als im vorigen Falle. Es muss jedoch bemerkt werden, dass die Reizung dieses Querschnittes sehr leicht Convulsionen hervorruft, wesshalb man genöthigt ist, das Gehirn an diesem Orte viel schwächer als an anderen zu reizen. Der letztere Umstand erklärt auch hinlänglich, warum der Effect dieser Reizung nicht selten ausbleibt.

Schnitt in die Halbkugeln.

| | |
|---|---|
| 13 | 9 |

Schnitt an der oberen Gränze des verlängerten Marks.

| | |
|---|---|
| 15 | 7 |
| 5 | 3 |
| 2 | 2 |

Salz in flüssiger Form.

| | |
|---|---|
| 10 | 7 |
| 9 | 9 |

Salz entfernt.

| | |
|---|---|
| 7 | 7 |
| 3 | 5 |

Salz in Krystallen.

Tetanus.

4) Die Application des Kochsalzes an den Querschnitt des Rückenmarks gleich unterhalb der Rautengrube hat entschieden keinen Einfluss auf die Reflexthätigkeit dieses Organes.

Indem man diese Reihe von Thatsachen übersieht, bemerkt man zunächst die vollkommene Identität zwischen den Resultaten der Hindurchschneidungen und denen der Kochsalzwirkung. Es ist zweitens aus dem in 2) Gesagten klar, dass die Wirkung des Kochsalzes in nichts Anderem als in der Reizung der Hirntheile, ihr Effect also in nichts Anderem als in der Erregung dieser Nervenmassen bestehen kann. Es ist in der That möglich, die Depression der Reflexthätigkeit von einem und demselben Orte aus zwei Mal hintereinander hervorzurufen, unter der Bedingung, dass die erste Reizung schwach, dagegen die zweite stark sei. Eben so leicht ist es, das Umgekehrte zu beobachten, d. h. das Ausbleiben der Wirkung nach der zweiten Reizung, wenn diese schwächer als die erste angewandt wird. Diese Thatsachen können nun nicht anders als durch die Annahme erklärt werden, dass der Kochsalzwirkung eine Reizung der Nervenmassen zu Grunde liegt.

Auf diese Weise wird der am Schlusse des vorigen Paragraphen ausgesprochene hypothetische Gedanke zur Wahrheit, dass nämlich: die Hemmungsmechanismen für die Reflexthätigkeit des Rückenmarks beim Frosche ihren Sitz in den Seh- und Vierhügeln und vielleicht auch im verlängerten Marke haben. Es ist weiter leicht einzusehen, dass die Vermuthung über das Vorhandensein der Hemmungsmechanismen im verlängerten Mark

durch die Resultate der Kochsalzreizung mehr an
Wahrscheinlichkeit gewonnen hat, als es am Ende des
vorigen Paragraphen der Fall war.

## §. 3.
### Elektrische Reizung des Gehirns.

Insofern die Ergebnisse dieser Art von Reizung
mit denen der chemischen vollkommen identisch sind,
brauche ich hier nur das Verfahren selbst zu beschreiben, und dann einige Versuche als Beispiele anzuführen.
Die Reizung geschieht mit Inductionsströmen.
Die Elektroden sind zwei feine, in eine Glasröhre eingesteckte und an ihren freien Enden in Form von
Häkchen umgebogene metallische Drähte. Letzteres
hat zum Zweck, Verletzung des Gehirns bei der Application der Elektroden möglichst zu vermeiden. Die
in jedem einzelnen Falle nöthige Stromstärke wird
folgendermaassen bestimmt: sie muss an der Gränze
jener Stärke liegen, wo der Strom anfängt, Bewegungen
beim Thiere auszulösen.*) Den Strom mehr verstärken darf man deswegen nicht, weil die Bewegungen
des Thieres der Bestimmung seines Reflexvermögens
hinderlich sind. Aber auch weit nach unten von der
erwähnten Stromstärke kann man nicht herabsteigen,

---

*) Diese Bewegungen treten am leichtesten bei der elektrischen Reizung des oberen Querschnittes des verlängerten Markes
ein; weniger leicht am Querschnitte der thal. opt.; und gar nicht
bei Reizung der Hemisphärenquerschnitte.

weil sich die Wirkung der Reizung dann nicht äussert.
Dadurch wird leider der Umfang der wirksamen
Stromstärken sehr gering, und das Gelingen der Versuche minder sicher, als bei der Kochsalzreizung. Was
nun die Form des Versuches selbst anbelangt, so gestaltet er sich so: der Experimentator nimmt mit der
linken Hand das Ende des Fadens, an dem das Thier
vertical aufgehängt ist, und biegt den Kopf des Frosches
etwa in der Weise um, dass der Unterkiefer des Thieres
einen Stützpunkt auf den Fingern des Experimentators
findet. In der rechten Hand hält der letztere die
Elektroden, welche an dem zu untersuchenden Hirn-
querschnitt applicirt werden. Während dieser Zeit
taucht der Gehülfe die Beine des Thieres in die Säure-
Lösung. Man könnte gegen diese Verfahrungsweise
einwenden, dass hier die Haut des Frosches an zwei
verschiedenen Stellen zugleich gereizt wird, einmal
durch Berührung des Unterkiefers mit den Fingern,
und dann durch Reizung der Pfote mit Säure. Glücklicherweise ist es leicht, sich durch directe Versuche
zu überzeugen, dass die Berührung des Unterkiefers
keinen Einfluss auf die Resultate des Versuches hat.
Dafür spricht schon das öftere Misslingen dieser Versuche: dass man nämlich oft gar keine Veränderung
in den Reflexerscheinungen wahrnimmt, wo man doch
eine erwarten sollte. Der Grund dieses letzteren Um-
standes ist theilweise schon oben angegeben worden;
hier muss noch hinzugefügt werden, dass die Intimität

der Berührung zwischen den Elektroden und dem Hirn-
querschnitte grossen Schwankungen unterworfen ist:
entweder man befürchtet das Gehirn stark zu drücken,
und die Elektroden berühren das Gehirn gar nicht;
oder es schwitzen während des Versuches in die Hirn-
höhle zwischen die Elektroden einige Tropfen Flüssigkeit aus, welche den Strom absohwächen, insofern sie
eine Nebenschliessung für den Strom bilden.

Derjenige, welcher die Versuche wiederholen
wollte, mag also durch das Gesagte auf das Misslingen
derselben vorbereitet sein, und mag die Geduld nicht
verlieren.

Jetzt führe ich einige Versuche als Beispiele an:

Schnitt in die thalami optici.

| | |
|---|---|
| 9 | 9 |

Elektrische Reizung.

| | |
|---|---|
| 20 | 42 |

Ruhe.

| | |
|---|---|
| 14 | 13 |

Elektrische Reizung.

| | |
|---|---|
| 60 nichts. | 20 |

Ruhe.

| | |
|---|---|
| 17 | 20 |

Elektrische Reizung.

| | |
|---|---|
| 80 nichts. | 58 |

Ruhe.

| | |
|---|---|
| 52 | 10 |

Elektrische Reizung.

Auf der linken Seite wurde keine     22
   Beobachtung mehr angestellt,
   weil die Reflexe zu stark deprimirt blieben.

Ruhe.
»     11
Elektrische Reizung.
»     36
Ruhe.
»     30

Schnitt hinter den Vierhügeln.

| 8 | 9 |
|---|---|
| Elektrische Reizung. | |
| 19 | 16 |
| Ruhe. | |
| 7 | 11 |
| 12 | 13 |
| Elektrische Reizung. | |
| 29 | 35 |
| Ruhe. | |
| 24 | 30 |
| 24 | 27 |
| 13 | 14 |

Die angeführten Beispiele zeigen den gewöhnlichen Verlauf des Experiments. Ich besitze jedoch
zwei Versuche, wo die elektrische Reizung des Gehirns
hinter den Vierhügeln eine ungemein starke Depression
der Reflexthätigkeit hervorbrachte, eine Depression,
welche man nur bei Schnitten und chemischer Reizung
der thalami optici zu beobachten Gelegenheit hat.

| Schnitt hinter den Vierhügeln. | Schnitt hinter den Vierhügeln. |
|---|---|
| 10 | 7 |
| Elektrische Reizung. | Elektrische Reizung. |
| 40 nichts. | 40 nichts. |
| Ruhe. | Ruhe. |
| 8 | 9 |
| Elektrische Reizung. | |
| 60 nichts. | |
| Ruhe. | |
| 38 | |

## §. 4.

### Erregung des Gehirns auf physiologischen Wegen.

Nachdem auf diese Weise der Hauptzweck der vorliegenden Untersuchung — die Entscheidung der Frage über das Vorhandensein der Hemmungsmechanismen im Gehirn des Frosches — erreicht worden war, war es natürlich, die physiologischen Wege aufzusuchen, auf welchen diese Mechanismen zur Thätigkeit gebracht werden können. Diese Frage wurde schon in §. 1. berührt, und es wurde damals ausgesprochen, dass vielleicht die sensitiven Nervenfasern diese Erregungsbahnen bilden.

Ich kehre nun zu diesem hypothetischen Gedanken zurück, um ihn einer experimentellen Kritik zu unterwerfen. Unsere Aufgabe besteht also in der Bestimmung des Einflusses, welchen die Reizung der sensiblen Nervenfasern überhaupt auf die Reflexthätigkeit des Rückenmarks ausüben kann. Man müsste nun, damit diese Frage in ihrem ganzen Umfange entschieden werden könnte, natürlich auf alle sensiblen Nerven des Körpers einwirken. Leider ist es in einem so kleinen Thiere, wie es der Frosch ist, absolut unmöglich. Ich war desshalb genöthigt, die Reizung nur auf eine kleine Anzahl von Nerven zu beschränken, und dabei statt des Nervenstammes selbst die peripherischen Nervenausbreitungen in der Haut und in der Mundschleimhaut zu reizen.

3

Es ist weiter klar, dass die Aenderungen des Reflexvermögens in Folge der sensitiven Reizung zur Zeit, wo diese letztere stattfindet, nicht beobachtet werden können, weil die Reizung selbst unmittelbar mehr oder minder starke reflectorische Bewegungen nach sich zieht. Man ist desshalb genöthigt, das Ende dieser Reflexbewegungen abzuwarten und erst dann die Beobachtungen über das Reflexvermögen anzustellen.

Es ist aus dem Gesagten klar, dass der Versuch unter solchen Beschränkungen eine mangelhafte Form annimmt:

1) kann er in der That nur die Nachwirkung der sensibelen Reizung, nicht aber den unmittelbaren Einfluss derselben auf die Reflexthätigkeit des Rückenmarks zeigen;

2) hat man Grund zu befürchten, dass die der Beobachtung vorangehenden heftigen Reflexbewegungen nicht ohne Einfluss auf die definitiven Resultate des Versuches bleiben;

3) werden endlich durch die heftigen Reflexbewegungen in Folge der sensitiven Reizung neue Momente in den Versuch eingeführt, welche die Depression der Reflexthätigkeit, wenn eine solche bekommen wird, ganz unabhängig von der Erregung der Hemmungsmechanismen zu erklären im Stande sind. Man kann nämlich denken, dass im Falle einer starken sensitiven Reizung,

wenn durch dieselbe alle Muskeln des Körpers
reflectorisch erregt werden, die Einwirkung dieser
Reizung, obgleich allmälig schwächer werdend,
doch zur Zeit noch dauert, wo die definitive Beobachtung angestellt wird; dann würde bei der
zweiten Bestimmung des Reflexvermögens die
schwache Einwirkung der Säure auf Nervenfasern
fallen, welche sich noch im erregten Zustande
befinden; der Effect dieser Reizung müsste natürlich von der Einwirkung der Säure bei der ersten
Probe auf das Reflexvermögen abweichen, weil
hier die Nervenfasern im normalen Zustande von
der Säure getroffen werden. Die Erscheinung
der Reflexdepression würde sich in diesem Falle
ganz unabhängig von der Wirkung der Hemmungsmechanismen erklären lassen.

Glücklicherweise ist es sehr leicht, alle diese Einwände gegen die Methode zu beseitigen. Es ist zunächst klar, dass es für die Sache gleichgültig ist, ob
die Depression der Reflexthätigkeit gleichzeitig mit
der sensitiven Reizung, oder als Nachwirkung dieser
letzteren erhalten wird; — das Vorhandensein der
Reflexdepression ist jedenfalls ein Zeichen, dass die
Hemmungsmechanismen durch Reizung der sensiblen
Nervenfasern zur Thätigkeit gebracht werden können.
Was nun die zwei anderen Einwände betrifft, so werden
sie durch zwei folgendermaassen angestellte Versuche
beseitigt. Einem Frosche wird das Rückenmark unter-

halb der Rautengrube durchschnitten, und das Reflexvermögen des Thieres auf gewöhnliche Weise (mittelst
der saueren Lösung) geprüft. Dann wird die Haut
des Frosches (gewöhnlich die ganze Oberfläche des
Bauches) mit einer erhitzten metallenen Platte, oder
mit einer concentrirten Lösung von Schwefelsäure in
Wasser, stark gereizt, und nachdem die dadurch hervor-
gerufenen heftigen Reflexbewegungen beruhigt worden
sind, das Reflexvermögen des Thieres wiederum bestimmt. Man sieht in solchen Fällen nie eine Aen-
derung in dem Reflexvermögen des Thieres, mag die
Reizung sowohl als die derselben nachfolgenden Reflexe,
so stark gemacht werden, als man will. Der zweite
Einwand ist also entschieden grundlos. Gegen den
dritten nun spricht folgender Versuch. Dem Frosche
wird das Gehirn hinter den Vierhügeln durchschnitten,
dem Thiere also das Verlängerte Mark — jener Theil
der Nervencentra gelassen, von welchem aus es bekanntlich am leichtesten ist, allgemeine Bewegungen
im Körper des Thieres hervorzurufen. Wird nun an
diesem Thiere der eben beschriebene Versuch ebenfalls
angestellt, so sind die in Folge der Hautreizung ent-
stehenden Reflexbewegungen, wenn möglich, noch allgemeiner und heftiger als im vorigen Falle, und die
Depression der Reflexthätigkeit kommt in der That
zu Stande; sie ist aber weder constant, noch stark.
Stark dagegen wird diese Depression, wenn dem ebenso
wie früher präparirten Thiere nicht die Haut, sondern

die Mundschleimhaut mit einer concentrirten Lösung
von Schwefelsäure in Wasser (beide zu gleichen Theilen)
gereizt wird; obgleich hier die der Reizung unmittelbar nachfolgenden Reflexbewegungen minder heftig
und viel weniger verbreitet (manchmal sind sie kaum
zu bemerken) als bei dem Hautbrennen sind. Hieraus
wird dem unbefangenen Leser klar, dass die Erscheinung
der Reflexdepression keinesfalls in die Abhängigkeit
davon gebracht werden kann, dass bei der ersten Prü-
fung des Reflexvermögens (vor der starken sensitiven
Reizung) die Reizung auf Nerven im normalen Zustande einwirkt, nach der Haupterregung dieselben
aber nur im veränderten Zustande trifft.

Die Methode kann also wirklich in dem ihr zu
Grunde gelegten Sinne gebraucht und die Resultate
der zwei angeführten Versuche folgender Art gedeutet
werden: das Rückenmark des Frosches enthält
keine Hemmungsmechanismen für die reflec-
torischen Bewegungen der Extremitäten;
solche sind dagegen entschieden im verlängerten Mark des Thieres vorhanden. Diese
Mechanismen, insofern sie auf reflectorischem
Wege zur Thätigkeit gebracht werden können, müssen ausserdem als Nervencentra, im
weitesten Sinne des Wortes, angesehen werden, d. h. als Nervengebilde, welche der Um-
wandlung einer Art von Bewegung in die andere dienen.

Das sind die wichtigsten Resultate, welche mir die in diesem Paragraph beschriebene Methode ergab. Es bleibt mir jetzt noch zweier Versuche mit starker sensitiver Reizung zu erwähnen übrig, welche an unverletzten Thieren und an Fröschen mit durchschnittenen Sehhügeln angestellt worden sind. Letzterer Fall ist demjenigen vollkommen ähnlich, wo dem Thiere das verlängerte Mark unverletzt gelassen wurde; die Depression der Reflexthätigkeit ist hier nur weniger leicht als da zu bekommen. Im Falle des unverletzten Thieres ist diese Depression dagegen gar nicht vorhanden, so dass man glauben könnte, die Hemisphären seien Gebilde, welche dem Eintreten der Reflexdepression ein Hinderniss in den Weg legen. Der letzte Versuch, in Verbindung mit allen übrigen in diesem Paragraph beschriebenen, zeigt ausserdem, dass in der Erscheinung der Reflexdepression in Folge der sensitiven Hautreizung die Empfindung des Schmerzes gar keine Rolle spielen kann. Wenn das in der That der Fall wäre, so müsste man eine stärkere Depression bei unverletzten Nervencentra bekommen, als im Falle der Hirnverletzung hinter den Vierhügeln, insofern es viel natürlicher ist, das Vorhandensein des Bewustseins in den vorderen Hirntheilen, als im verlängerten Mark, anzunehmen.

Auf diese Weise ist der letzte mögliche Einwand gegen die Methode beseitigt.

Ich stelle nunmehr alle die Thatsachen zusam-

men, welche bis jetzt am Frosche erhalten worden
waren:

1) Die Hemmungsmechanismen für die Reflexthätigkeit des Rückenmarks haben
ihren Sitz beim Frosche in den Seh- und
Vierhügeln und in dem verlängerten
Mark;

2) diese Mechanismen müssen als Nervencentra im weitesten Sinne des Wortes
angesehen werden;

3) die sensiblen Nervenfasern bilden einen
(wahrscheinlich den einzigen) der physiologischen Wege für die Erregung
dieser Hemmungsmechanismen.

Das sind die definitiven Resultate, zu welchen ich
durch Versuche am Frosche gekommen bin. Zum
Schlusse des Paragraphen mögen einige dahin gehörige
Versuche als Beispiele angeführt werden.

Das Thier unverletzt.

| | |
|---|---|
| 22 | 31 |
| 35 | 17 |

Schwefelsäure in die Mundhöhle.

| | |
|---|---|
| 7-8 | 16 |
| 45 | 29 |

Ruhe.

| | |
|---|---|
| 23 | 21 |

Brennen der Haut.

| | |
|---|---|
| 24 | 20 |

Das Thier unverletzt.

| | |
|---|---|
| 7 | 7 |

Schwefelsäure in die Mundhöhle.

| | |
|---|---|
| 11 | 11 |
| 6 | 7 |
| 5 | 5 |

Brennen der Haut.

| | |
|---|---|
| 5 | 5 |
| 6 | 6 |

Schnitt in die Hemisphären.

| | |
|---|---|
| 8 | 10 |

Schwefelsäure in die Mundhöhle.

| | |
|---|---|
| 16 | 16 |
| 29 | 22 |

Brennen der Haut.

| | |
|---|---|
| 44 | 46 |

Schnitt in die Sehhügel.

| | |
|---|---|
| 32 | 24 |
| 20 | 25 |

Brennen der Haut.

| | |
|---|---|
| 34 | 60 nichts. |

Ruhe.

| | |
|---|---|
| 25 | 27 |

Brennen der Haut.

| | |
|---|---|
| 30 | 80 |

Schnitt in die Sehhügel.

| | |
|---|---|
| 7 | 20 |
| 15 | 17 |

Ac. sulf. in d. Mundhöhle. — Fast keine Reflexbewegung.

| | |
|---|---|
| 90 nichts. | 60 nichts. |

Ruhe.

| | |
|---|---|
| (?) 52 | 45 |
| 70 nichts. | 26 |

Brennen der Haut.

| | |
|---|---|
| 100 nichts. | 41 |

Schnitt unterhalb der Rautengrube.

| | |
|---|---|
| 25 | 21 |

Brennen der Haut.

| 14 | 14 |
|----|----|

Schnitt unterhalb der Vierhügel.

| 23 | 18 |
| 22 | 18 |

Acid. sulf. in die Mundhöhle.

| 28 | 70 nichts. |

Ruhe.

| 28 | 39 |

Brennen der Haut.

| 80 nichts. | 80 nichts. |

Ruhe.

| 26 | 31 |

Schnitt unterhalb des vierten Ventrikels.

| 13 | 18 |

Brennen der Haut.

| 11 | 10 |

Schnitt unterhalb der Vierhügel.

| 10 | 12 |

Acid. sulf. in die Mundhöhle.

| 46 | 60 nichts. |

Ruhe.

| 7 | 18 |

Es ist aus diesen Beispielen leicht einzusehen, dass das Reflexvermögen in Folge der sensitiven Reizung grosse und wechselnde Schwankungen in seiner Stärke erleidet, so dass man so zu sagen nur durch glücklichen Zufall den Augenblick trifft, wo die Reflexthätigkeit des Rückenmarks deprimirt ist.

### §. 5.

Jetzt, wo das Vorhandensein und die Vertheilung

der Hemmungsmechanismen für die Reflexthätigkeit
des Rückenmarks im Gehirne des Frosches festgestellt
ist, bleiben mir noch folgende Fragen zur Beantwortung
übrig:

1) über das Wesen des hemmenden Einflusses dieser
Mechanismen, und

2) über die räumlichen Vorstellungen, welche man
sich von der ganzen Hemmungserscheinung zu
machen hat.

Was nun die erste dieser zwei Fragen betrifft,
so liegt ihr folgender Ideengang zu Grunde: die Reflexthätigkeit wurde bis jetzt *in concreto* betrachtet, sie
ist aber aus verschiedenen Momenten zusammengesetzt,
folglich kann auch ihre Hemmung auf verschiedene
Weise hervorgebracht werden. Insofern nämlich die
neue physiologische Schule jede Reflexerscheinung in
die consecutive Erregung der sensiblen Nervenfasern,
der centralen Nerven-Gebilde und der motorischen
Fasern zerlegt, kann man sich die Reflexhemmung auf
dreifache Weise hervorgebracht denken: durch Herabsetzung der Erregung in den sensiblen Wegen, durch
die erschwerte Uebertragung der sensitiven Erregung
auf die motorischen Fasern und durch die Herabsetzung
der Erregbarkeit dieser letzteren.

Es wäre nun nöthig, alle diese Erklärungsmomente
einer experimentellen Kritik zu unterwerfen. Leider
ist es nur in einem sehr geringen Grade möglich, da
wir bis jetzt kein Mittel besitzen, die Thätigkeit aller

drei Glieder, welche die Reflexerscheinung zusammen-
setzen, isolirt von einander zu untersuchen. Das We-
nige, was sich hier leisten lässt, besteht in der Bestimmung des Einflusses, welchen die Reizung der
Hemmungscentra auf die Erregbarkeit der motorischen
Fasern und auf die Empfindlichkeit der Haut gegen
die Reize ausübt. Letzteres kann natürlich nur am
Menschen und nur für den Fall einer bewussten Sensibilität gemacht werden; dagegen sind die Versuche
in erster Richtung auch am Frosche möglich. Sie
wurden auch angestellt, müssen aber noch weiter fort-
gesetzt werden, da ich bis jetzt noch zu keinem festen
Schluss kommen konnte. Was aber die Frage über
den Einfluss der Hemmungscentra auf die Empfindlichkeit der Haut betrifft, so geht ihre Lösung von der
Hypothese aus, dass der Mensch in seinem Gehirn
Hemmungsmechanismen für die Reflexthätigkeit des
Rückenmarks besitzt. Indem ich (zugleich mit den
meisten Physiologen) diese Hypothese annehme, be-
stimme ich beim Menschen die normale Empfindlichkeit seiner Haut gegen eine constant gehaltene Reizung,
lasse dann die Hemmungsgebilde des Menschen spielen,
und untersuche während dieser Zeit wiederum die
Empfindlichkeit seiner Haut. Zum Messen der letzteren bediene ich mich der Zeit von dem Eintauchen
der Hand des Menschen in eine wässerige Lösung von
Schwefelsäure (ungefähr 150 c. c. Schwefels. auf 2 Litre
Wasser), bis zum Eintreten der Empfindung in Folge

der Säurereizung. Die Erregung der Hemmungsmechanismen besteht aber in Folgendem: ein kitzlicher
Mensch (nur solche können zu diesen Versuchen gebraucht werden) wird stark gekitzelt, und muss den
Reflexbewegungen in Folge dieser Reizung zu wider-
streben suchen, d. h. die Reflexe hemmen. Diese Versuche, so einfach sie auch erscheinen, verlangen dennoch
einige Uebung in der Bestimmung des Augenblickes,
wo die Empfindung eintritt. Ausserdem darf bei diesen
Versuchen noch Folgendes nicht unterlassen werden:
Am Anfange der Versuche muss die Hand zur Er-
weichung der Epidermis einige Zeit im Wasser liegen.
In die sauere Lösung kommt sie aus dem Wasser
immer nass, und sowie die Empfindung in Folge der
Säurewirkung eintritt, lässt man die Hand sofort ins
Wasser tauchen, und so lange darin halten, bis jede
Spur von Empfindung verschwindet. Jetzt kann die
Hand wieder in die Säure kommen. Es versteht sich
weiter von selbst, dass der dem Versuche unterliegende
Mensch die Metronomschläge, welche die Zeit messen,
wo seine Hand in der Säure bleibt, nicht hören darf.
Er giebt nur ein Zeichen beim Eintauchen der Hand
und beim Ausziehen derselben.

Alle diese Versuche wurden an mir selbst angestellt, und gaben folgende Resultate:

| Zahl der Versuche. | Ohne Kitzel. | Beim Kitzeln. | Bemerkung. |
|---|---|---|---|
| 1. . . . . . . . . | $\begin{cases} 19 \ldots \ldots \\ 18 \ldots \ldots \end{cases}$ | $\bigg\} 27 \ldots \ldots$ | Kitzel stark. |
| 2. . . . . . . . . | 21 . . . . . . | 33 . . . . . . . | „        „ |

41

| | | | |
|---|---|---|---|
| 3. | 39 | 47. | Kitzel stark. |
| 4. | 7 / 11 | 17 | » » |
| 5. | 23 | 31 | » » |
| 6. | 23 / 18 | 30 | » » |
| 7. | 35 / 35 | 47 | » » |
| 8. | 9 / 9 / 11 | 15 | » » |
| 9. | 12 | 34.. | » » |
| 10. | 12 / 8 / 12 / 14 | 15.. | Kitzelschwach. |
| 11. | 25 / 18 / 25 | 30 | » » |

Man sieht aus diesen Versuchen, dass, je stärker das Kitzeln, desto grösser die Depression der Hautempfindlichkeit war.

Diese Resultate, so klar sie auch aussehen, sind dennoch von den Einwänden nicht frei. Wenn man nämlich die Art und Weise bedenkt, wie sie erhalten worden sind, so ist es zunächst klar, dass die Erscheinungen der Empfindlichkeitsdepression in unseren Versuchen ebensowohl durch Kitzelempfindungen als durch Anstrengungen Reflexe zu überwinden bedingt werden können. Zwischen beiden Fällen giebt es aber für den Sinn der Versuche einen gewaltigen Unterschied. Einmal wird die Sache durch die Wirkung der Hemmungscentra erklärt; dass andere Mal könnte sie so ausge-

legt werden: durch das Kitzeln wird beim Menschen
eine sehr heftige Empfindung erweckt, und neben dieser
verschwindet in seinem Bewustsein der ungleich schwächere Eindruck der Säure auf die Haut, oder er wird
wenigstens schwächer als unter normalen Verhältnissen
empfunden. Es ist dem Leser ohne Weiteres klar,
dass, wenn das Letztere wirklich der Fall wäre, die
oben angeführten Versuche für uns keinen Sinn mehr
hätten.

Um die Sache zu entscheiden, war es also nöthig,
neue Bedingungen in die Versuche einzuführen, indem
man z. B. aus denselben entweder den einen oder den
anderen Faktor, entweder die Kitzelempfindung oder
die Anstrengung gegen die Reflexe, ausschliesst.

Zuerst schien es mir leichter, die Anstrengung zu
eliminiren, ich überzeugte mich aber bald, dass es zum
Ziele nicht führen kann, insofern die Anstrengungen
gegen die Reflexe unwillkürlich eintreten, sobald der
Mensch gekitzelt wird. Ich musste also den umge-
kehrten Weg einschlagen. Dieses geschah auf folgende Weise. Nachdem ich bei den früheren Versuchen mit dem Kitzeln bemerkt habe, dass die Anstrengungen gegen die Reflexe hauptsächlich in dem
Zusammendrücken der Zähne und in einer heftigen
Contraktion der Bauch- und Brustmuskeln nach vor-
hergehender Inspiration bestanden, wiederhole ich dieselbe Reihe von Muskelbewegungen willkürlich ohne
gekitzelt zu werden, und das in dem Augenblick, wo

meine in die sauere Lösung eingetauchte Hand die
Wirkung der Säure zu empfinden anfängt. Sobald
diese Anstrengung gemacht worden war, verschwand
sofort die Empfindung und dieser Zustand der Unempfindlichkeit dauerte eben so lange, wie die Anstrengung selbst. Diesen Versuch habe ich leider nur ein
einziges Mal angestellt, weil er zu lästig und nicht
gefahrlos ist. Das Verschwinden der Empfindung war
jedoch in diesem einzigen Versuche so klar, dass ich
keinen Augenblick schwanke, denselben als einen sicher
gelingenden zu empfehlen. Ich traue dem Versuche
noch aus einem anderen Grunde. Wenn man nämlich denselben in dem ihm zu Grunde gelegten Sinne
anerkennt, so kann durch diesen Versuch eine alte
täglich vorkommende Erfahrung erklärt werden. Es
ist bekannt, dass Menschen und überhaupt alle Thiere,
wenn sie schmerzhafte Operationen erleiden, dieselben
Muskelanstrengungen machen, welche bei dem in Rede
stehenden Versuche beschrieben worden sind; und
diese complexe Muskelbewegungen folgen den Schmerzen so unfehlbar nach, dass man sie mit gewisssem
Recht als instinktive reflektorische Bewegungen be-
trachten kann. Insofern aber alle Reflexe im Thier-
körper zweckmässig sind, d. h. auf das Erhalten des
Körpers und das Schützen desselben gegen die feind-
lichen Eingriffe berechnet sind, kann man sich denken,
dass die in Rede stehende complexe Muskelbewegung

gegen die Schmerzen gerichtet ist, d. h. dieselben zu
mildern im Stande ist.

Es ist mir bewusst, dass alle in diesem Paragraph
angeführten Versuche am Menschen mit allen ihren
Auslegungen lauter Hypothesen sind, der unbefangene
Leser wird dennoch zugeben müssen, dass diese Hypothesen nicht unnützlich sind, insofern sie nicht unwahrscheinlich sind, zur Erklärung nicht unwichtiger
Thatsachen benutzt werden können, besonders aber sich
dadurch empfehlen, dass sie der weiteren Entwickelung
der ganzen Frage über die Reflexhemmungen im Menschen einen neuen Weg eröffnen.

Im Fall z. B. alle diese Hypothesen richtig wären,
könnte man aus den angeführten Versuchen am Menschen schliessen, dass die Reflexhemmung nur zum
Theil in der Herabsetzung der Sensibilität bestehe, insofern diese Herabsetzung zu schwach ist, um die
starke Hemmung zu erklären.

Jetzt kommt die Frage über die räumlichen Vorstellungen, die man sich über die ganze Hemmungserscheinung zu machen hat. Unsere Aufgabe besteht
hier zunächst darin, zu sehen, ob alle die Einzelheiten
der ganzen Erscheinung mit den räumlichen Anschauun-
gen zusammenpassen, welche die neuere Physiologie
über das Verhalten des Vagus gegen das Herz sich
gebildet hat. Erst dann, wenn dieses Zusammenpassen
als unmöglich erkannt wird, muss eine neue Hypothese
aufgestellt werden.

Das Hemmungsgebilde des Herzens in seiner ein-
fachsten chematischen Form ist in Figur 2. dargestellt.
*A* bezeichnet eine Nervenzelle im verlängerten Mark,
woraus einerseits eine Vagusfaser *B* entspringt, und

Figur 2.

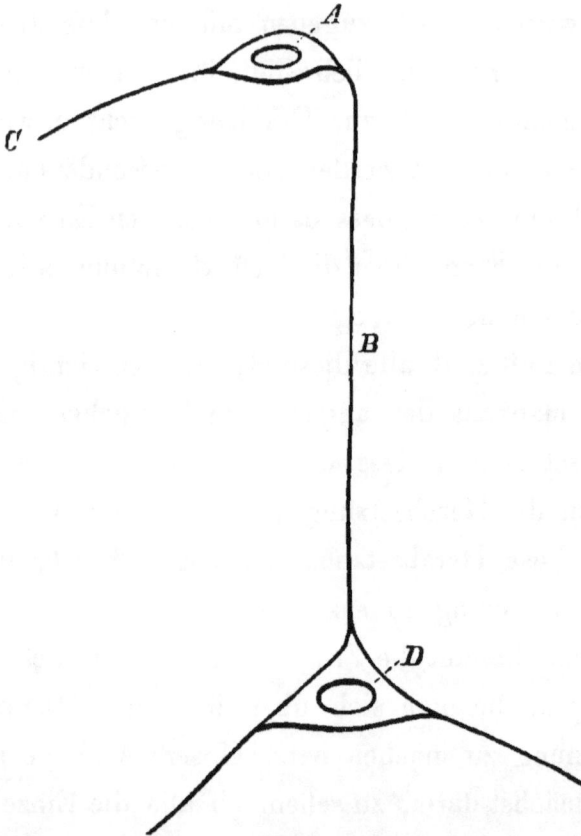

worin andererseits eine sensitive Nervenfaser *C* endigt.
*A* ist ein Hemmungscentrum, *B* sein hemmender Aus-
läufer. Letzterer endet in eine Nervenzelle *D*, wiederum mit 2 Ausläufern. *D* ist das Nervengebilde, welches
die sogenannten automatischen Herzbewegungen hervorbringt. Die Haupteigenschaft dieses Mechanismus

4

besteht darin, dass die Erregung des hemmenden Ausläufers (Vagusfaser) in allen möglichen Höhen immer
eine und dieselbe Wirkung — Hemmung der Herzbewegungen — auslöst. Denselben Erfolg bekommt
man auch bei der Reizung des verlängerten Markes
selbst; es lässt sich aber nicht beweisen, dass hier die
Hemmungscentra, und nicht die Vaguswurzeln, erregt
werden. Eine weitere Eigenschaft des hemmenden
Apparates für das Herz besteht darin, dass er auf
reflectorischem Wege erregt werden kann (im normalen Leben des Thieres muss sogar dieser Weg seiner
Erregung der einzige sein); wenn man z. B. dem
Frosche das Rückenmark durchschneidet, so sieht man
oft das Herz in Folge dessen still stehen. Das sind
die Hauptcharaktere des hemmenden Gebildes des
Herzens. Sehen wir nun zu, ob der uns interessirende
Hemmungsapparat dieselben Eigenschaften besitzt.
Was zunächst ihren anatomischen Bau betrifft, so
steht der Annahme nichts entgegen, dass beide Mechanismen wesentlich identisch sind, dass nämlich in
unserem Falle, wie bei dem Hemmungsgebilde des
Herzens, der Apparat wesenlich aus 3 Theilen besteht:
aus centralen Nervenzellen — Hemmungscentra
im engeren Sinne des Wortes, — welche hauptsächlich
in der Substanz der Seh- und Vierhügel eingelagert
sind, zum Theil aber auch den oberen Theil des verlängerten Marks einnehmen; aus den Fortsätzen
dieser Zellen, welche, in die Substanz des Rücken-

marks begraben, zu den Zellen hinablaufen, welche als Verbindungsglieder zwischen den sensiblen und motorischen Fasern allgemein angesehen werden. Dieser dritte Theil des ganzen Mechanismus wird gewöhnlich als das reflectorische Gebilde betrachtet. Somit ist die Analogie zwischen beiden Mechanismen in anatomischer Hinsicht vollkommen, — der einzige Unterschied zwischen beiden besteht darin, dass in unserem Falle derjenige Zellenausläufer, welcher der Vagusfaser entspricht, nicht frei, wie dort, zu der Reflexmaschine herabläuft, sondern in die Substanz des Rückenmarks begraben ist. Durch diesen anatomischen Unterschied kann auch vielleicht der einzige functionelle, welcher zwischen beiden Mechanismen existirt, erklärt werden, — der Unterschied nämlich, dass in unserem Falle die Reizung des hemmenden Ausläufers im oberen Theile des Rückenmarks erfolglos bleibt, die Reizung des Vagusstammes dagegen immer den Herzstillstand hervorbringt. Es taucht in neuester Zeit der Gedanke auf, dass die Nervenfasern nach ihrem Einsenken in die centralen Nervenmassen andere Eigenschaften als zuvor zeigen; und obgleich diese Idee noch weiterer Bestätigung bedarf, ist sie dennoch selbst a priori nicht unwahrscheinlich, und kann folglich im Nothfalle zur Lösung eines Widerspruches, wie in unserem Falle, mit Recht benutzt werden.

Die soeben auseinandergesetzte räumliche An-

schauung über den Hemmungsapparat für die Reflexe
des Rückenmarks scheint mir die natürlichste zu sein.
Es ist aber noch eine andere denkbar, und die will
ich mit einigen Worten besprechen.

Die Reflexerscheinungen des unverletzten und des
geköpften Thieres zeigen bekanntlich verschiedene
Charaktere: im letzteren Falle ist das Reflexvermögen
des Thieres gewöhnlich erhöht. Diesem Unterschiede
entsprechend, kann man annehmen, dass in beiden
Fällen auch die ana-
tomischen Wege der
Reflexe verschieden
sind. Wenn z. B. das
Verbindungsglied im
Rückenmarke zwi-
schen den sensiblen
und motorischen Fa-
sern als aus zwei Ner-
venzellen a u. b (Fig.
3.) bestehend gedacht
wird, so kann man
sich vorstellen, dass
der eine Weg für den
Reflexvorgang durch
die gerade Linie a b
dargestellt wird, der
zweite aber durch die
gebrochene a c b.

Figur 3.

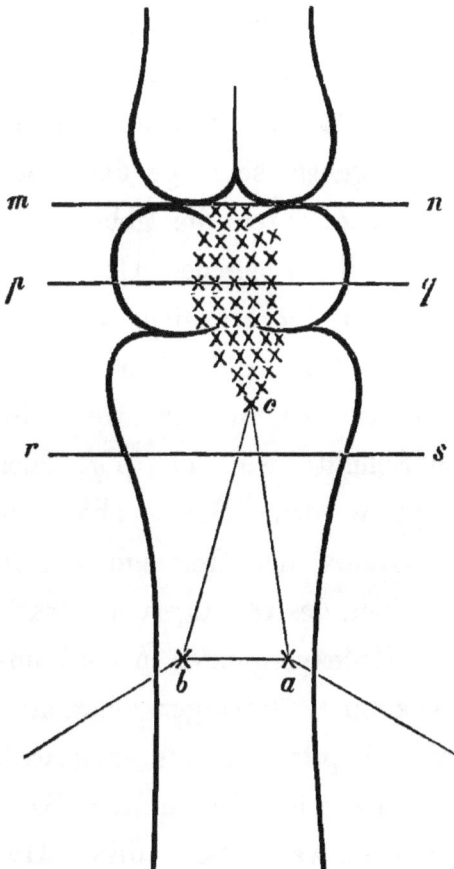

Ersterer Weg entspricht dem Falle, wo die Reflexerscheinung nur im Rückenmarke bleibt, also dem Falle
beim geköpften Thiere. Der gebrochene Weg dagegen
wird immer unter normalen Verhältnissen betreten.
Seine Spitze C ist die untere Gränze der Hemmungscentra, also eine Nervenzelle im oberen Theile
des verlängerten Marks. Diese Hemmungszelle, in
Verbindung mit anderen mehr nach oben liegenden,
ertheilt durch ihre Thätigkeit dem Reflexvorgange
denjenigen Charakter, welchen man am unverletzten
Thiere zu beobachten pflegt. Durch diese Reihe
von Annahmen lassen sich nun alle die Einzelheiten
der Reflexhemmung und Reflexverstärkung ganz
gut erklären. In der That gehen, so lange das Thier
unverletzt bleibt, die Reflexe durch die gebrochene
Linie a c b, und behalten ihren eigenen Charakter,
.d. h. die Bewegungen folgen der sensitiven Reizung
nicht so rasch nach, wie beim geköpften Thiere.
Dieser Charakter tritt noch mehr hervor, wenn die
Hemmungscentra durch Schnitte wie m n, p q, oder
auf andere Weise erregt werden. Sowie aber der
Schnitt r s die untere Gränze der Hemmungscentra
überschritten hat (oberer Theil des verlängerten Marks),
wird die Bewegung des Reflexvorganges in a c b unmöglich, und dieser bekommt denjenigen Charakter,
welcher dem Falle des geköpften Thieres entspricht,
insofern jetzt die Reflexbewegung nur in der Bahn
a b geschehen kann. Die schwache Seite dieser Hy-

pothese besteht nur in der Annahme, dass unter normalen Verhältnissen der Reflexvorgang lieber den län-
geren Weg *a c b*, als den kürzeren *a b* einschlagen
soll. Sonst ist sie ebenso brauchbar wie die erstere.
Die Entwickelung der letzten Hypothese hat uns
zu der Frage von dem Entstehen der Reflexverstärkung
in Folge der Köpfung des Thieres geführt. Jetzt
will ich diese Frage näher behandeln und werde zeigen, dass die gefundenen Thatsachen zur Erklärung
der Erscheinung auch in dem Falle vollkommen aus-
reichen, wo dem Hemmungsapparate die erste räumliche Anschauung unterlegt wird. Man braucht in der
That nur anzunehmen, dass im unverletzten Thiere
seine Hemmungsgebilde fortwährend in einer Art to-
nischer Erregung begriffen sind. Dass eine leise Erregung der Hemmungscentra in der That hinreichend
ist, um die Unterschiede des Reflexvermögens beim
unverletzten und geköpften Thiere zu erklären, dafür
sprechen die Zahlen. Im 5ten Versuche des §. 1. sieht
man z. B., dass die Reflexstärke des unverletzten
Thieres zu der des geköpften sich wie 38 : 11 verhält.
Dagegen war sie bei demselben Thiere nach starker
Erregung der Hemmungsmechanismen über 100. Das
Einzige, was dem Gesagten zu widersprechen scheint,
sind die unter 5. im §. 1. als misslungen bezeichneten
Versuche. Der Widerspruch ist hier aber nur scheinbar: es lässt sich in der That denken, dass in diesen
vier Fällen die Bestimmung des normalen Reflexvermö-

gens das Thier zu einem solchen Augenblick traf, wo sich seine Hemmungscentra in starker Erregung befanden. Deshalb blieb später der Effect der künstlichen Erregung dieser Centra scheinbar aus.

Die Frage über die weitere Bedeutung der von mir gefundenen Hemmungsmechanismen für das Leben des Thieres will ich jetzt nicht berühren, da die Versuche nur am Frosche angestellt worden sind.

———

www.ingramcontent.com/pod-product-compliance
Lightning Source LLC
Chambersburg PA
CBHW022017190326
41519CB00010B/1552